AF455770

MANUEL

DE

L'AMATEUR DE MARRONS

ET DE CHATAIGNES.

S 0092347

METZ.—IMPRIMERIE D'E. HADAMARD.

MANUEL

DE

L'AMATEUR DE MARRONS

ET DE CHATAIGNES,

OU

L'ART DE CULTIVER LE CHATAIGNIER, DE LE MULTIPLIER, D'EN RÉCOLTER LE FRUIT FAVORABLEMENT, DE LE CONSERVER D'UNE ANNÉE A L'AUTRE SANS QU'IL PERDE RIEN DE SA BONTÉ ORDINAIRE, ET DE LE PRÉPARER DE LA MANIÈRE LA PLUS AGRÉABLE, PAR UN GRAND NOMBRE DE MÉTHODES USITÉES, SOIT EN FRANCE, SOIT DANS LES PAYS ETRANGERS,

SUIVI

Des propriétés alimentaires et médicales de ce fruit ;

PAR M. L. CLERC, F. D. M. N.

Les châtaignes figurent toujours avec les mêmes succès sur les tables les plus modestes, comme sur celles qui sont le plus somptueusement servies.

Paris,

CHEZ L'ÉDITEUR,

A LA LIBRAIRIE FRANÇAISE ET ÉTRANGÈRE,

Palais-Royal, Galerie de Pierre, n. 185-186.

au coin du Passage Valois.

1828.

Avant-Propos.

Sous le beau ciel de la Grèce, de même que sur les collines de la brillante Italie, le châtaignier croît en abondance; la nature bienfaisante semble l'avoir multiplié en raison de son extrême utilité; on le trouve en Angleterre, en Suisse, en Allemagne, et surtout en France, où il prospère merveilleusement.

Tous les peuples en général chez lesquels cet arbre croît, s'accordent à célébrer ses louanges. Les Anglais Miller, Bryant, Curtis, Willich; les Allemands Bœhmer, Kruenitz, Ehrhant, Bechstein, Hochheimer, Pistech; les Italiens Adarcisni, Targioni, Ré, Santi, et une foule de nos savans compatriotes le placent, à raison de l'importance de son ruit, au rang des arbres de première nécessité; et en effet, c'est son fruit qui, transvesti en une foule de mets plus ou moins délicats dans plusieurs parties de la France, comme le Limousin, le Périgord, les Cévennes, et l'ile de Corse, sert aux habitans des campagnes et à la classe indigente, d'unique nourriture, ainsi qu'aux habitans des montagnes des Asturies, en Espagne, de la Sicile et des Appennins, en Italie. Mais quelque répandu que soit l'usage de ce fruit, il est encore beaucoup de personnes qui ignorent la manière de cultiver cet arbre, de le multiplier, d'en récolter son fruit, de le conserver, de le préparer d'une manière agréable; enfin, ses propriétés alimentaires et médicales. C'est ce que je me propose de faire connaître dans cet ouvrage, et pour mettre un peu d'ordre dans ces détails, je le divise en trois parties; dans la première, je décrirai le châtaignier, j'indiquerai d'une manière sommaire, ses meilleures variétés connues à Paris, je tracerai ensuite son histoire, je ferai connaître sa culture, la manière d'en récolter favorablement le fruit, de le conserver pendant une année entière sans altération, et de le dessécher, à l'effet de le conserver encore plus long-tems. Dans la deuxième, je ferai connaître les différentes préparations qu'on lui fait subir, soit en France, soit dans les pays étrangers. Dans la troisième enfin, ses propriétés alimentaires et médicales, ainsi que l'usage de son bois.

MANUEL

DE

L'AMATEUR DE MARRONS

ET DE CHATAIGNES.

PREMIÈRE PARTIE.

Description botanique du Châtaignier.

Le Châtaignier (*Castanea vulgaris*, Lamarck, χαςτανον ; discoride ; χαςτανχϊκον χαρυν ; Théophraste.) est un grand et bel arbre qui appartient à la famille des amentacées de Jussieu, et à la monœcie polyandrie de Linnée, dont le tronc, quelquefois fort gros, est revêtu d'une écorce unie et grisâtre, et soutient une cîme ample, un peu étalée. Ses rameaux sont garnis de feuilles alternes, oblongues, lancéolées, glabres des deux côtés, luisantes en-dessus, bordées de grandes dents aiguës; ces feuilles sont longues de cinq à six pouces, et larges d'un pouce et demi à deux. Ses fleurs, monoïques, amentacées, sortent de l'aisselle des feuilles; les fleurs mâles sessiles groupées le long d'un chaton cylindrique, grêle, blanchâtre, offrent un calice à cinq divisions et le plus souvent à six, dans lequel sont implantées une douzaine d'étamines.

Les fleurs femelles proviennent des mêmes boutons que les mâles, mais ne font point partie des chatons à la base desquels on les trouve communément placées : elles sont renfermées au nombre de trois, dans un involucre légèrement pédonculé, muni d'une écaille à sa base, et composé d'un grand nombre de petites écailles réfléchies, qui, à la maturité du fruit, deviennent autant d'épines. Ces trois fleurs disposées en ligne, présentent chacune un ovaire inférieur en forme de petit calice velu divisé en six lobes, à l'intérieur duquel sont insérées douze petites étamines stériles, dont six alternativement plus courtes. Au centre du calice, sur le sommet de l'ovaire, s'élèvent six styles droits cartilagineux subulés, velus à leur base, terminés par des stymates simples. Son fruit est une coque ou une espèce de capsule hérissée extérieurement de pointes, s'ouvrant en deux ou quatre parties, et renfermant dans une seule loge autant de grains qu'il y avait de fleurs dans l'involucre. Ces graines, universellement connues sous le nom de châtaignes ovales, obrondes, aplaties d'un côté, convexes de l'autre, consistent en une amande à chair blanchâtre et ferme, recouverte d'une peau coriace, lisse et brune.

Variétés du Châtaignier.

De tous tems les hommes se sont nourris de châtaignes, et en conséquence, le châtaignier a dû, comme tous les autres arbres qu'ils ont soumis à la culture, produire des variétés ; mais ces variétés, quoique nombreuses, ne le sont pas autant que celles de plusieurs autres végétaux, parce qu'il n'est réellement qu'à demi domestique. Les plus connues de ces variétés à Paris, et que le commerce nous apporte des pays voisins, sont les suivantes :

La *châtaigne des bois*. Elle est petite, se conserve peu, et n'a presque pas de saveur.

La *Châtaigne ordinaire*. Elle est petite et un peu meilleure que la précédente.

La *Châtaigne printanière*. Elle est la première en état d'être mangée, mais elle a peu de saveur.

La châtaigne portalonne. Elle est d'une grosseur moyenne, presque ronde ; son écorce est fine, de couleur jaune, et elle est d'un goût savoureux.

La châtaigne verte du Limousin. Elle est assez grosse, de bon goût, et se conserve long-tems sans altération.

La châtaigne corive. Elle est petite, camuse, se conserve long-tems, et est fort bonne à sécher.

La châtaigne exalade. C'est la meilleure pour le goût.

La châtaigne royale-hélène. Elle est lisse et gluante en sortant du brou, comme une anguille qui sort de l'eau.

La châtaigne de cars. Elle n'est pas très-grosse, mais elle est très-bonne, et a surtout la propriété de se mieux conserver que les autres variétés.

La châtaigne ganebellonne est assez grosse, de couleur brune, pointue, un peu aplatie. Elle est très-bonne à sécher, et se conserve assez long-tems en vert.

La châtaigne l'angalade ou marron bâtard, très-grosse et aplatie.

Le vrai marron est sans contredit le meilleur de tous. Il est presque rond, sans aucun zeste dans sa chair, et est plus petit que la châtaigne.

Histoire du Châtaignier.

La châtaigne est indigène à la France et dans plusieurs parties de l'Europe.

Les Romains tirèrent leurs premières châtaignes de Castane, ville de Pouille, ce qui leur fit donner le nom de noix castanéiques.

Ipse ego cana legam tenerá lanugine mala,
Castaneasque nuces, mea quas Amaryllis amabat,
VIRGILE, Églogue II, vers 50.

« Je t'offre des pommes, des coins couverts d'un léger duvet, et des châtaignes dans leurs enveloppes que mon Amaryllis aimait. »

Les anciens auteurs nous apprennent que les meilleures châtaignes portaient le nom de *balani*, et que celles recueillies sur le Mont Ida étaient surnommées *leucena*. Pline (Histoire naturelle) leur donne le nom de *populares* et de *coctivas*, parce que la populace de Rome s'en nourrissait. C'est de ce fruit dont a parlé Virgile dans sa première églogue, lorsque Tytire invitait Mélibée à passer la nuit sous son toît rustique, lui dit :

. . . . . Sunt nobis mitia poma,
Castaneæ molles, et pressi copia lactis.

Églogue I, vers 80.

« J'ai des fruits mûrs, des châtaignes tendres, et du lait en abondance. »

Martial (Epigram., livre V.) nous apprend qu'il se trouvait de son tems des forêts de châtaigniers aux environs de Naples et de Tarente. On en voit encore beaucoup aujourd'hui dans cette contrée, ainsi que dans la Sicile. Auprès de l'Etna, plusieurs châtaigniers ont une tige de trente à quarante pieds de circonférence ; mais il en est un dont plusieurs voyageurs ont parlé, et qui doit être regardé comme un géant dans le règne végétal. Voici ce que Jean Honel (dans son voyage, fait en 1776 aux îles de Sicile, de Malte et de Lipari, volume 11, page 79) en rapporte : « Nous partîmes d'Aci-Reale pour aller voir le châtaignier que l'on appelle des *cent chevaux*. . . . . Nous passâmes par Saint-Alfio et Piraino, où les arbres sont communs, où l'on trouve de superbes futaies de châtaignes : ils viennent très-bien dans cette partie de l'Etna, et on les y cultive avec soin. On en fabrique des cercles de tonneaux, dont on fait un commerce assez considérable. Arrivé à l'orient de l'Etna et à l'extrémité de la région habitée, je trouvai ce châtaignier et je commençai à le dessiner tout de suite, je continuai le lendemain à la même heure, et je le finis totalement d'après nature, selon ma coutume : la représentation que j'en donne est un portrait fidèle.

« J'en ai fait le plan afin de démontrer la possibilité qu'un arbre eût soixante pieds de circonférence : je me fis raconter l'histoire de cet arbre par les savans du hameau.

« Cet arbre s'appelle le châtaignier des *cents chevaux*, à cause de la vaste étendue de son ombrage. Ils me dirent que

Jeanne d'Aragon allant d'Espagne à Naples, s'arrêta en Sicile, et vint visiter l'Etna, accompagnée de toute la noblesse de Castane ; elle était à cheval ainsi que sa suite : un orage survint, elle se mit sous cet arbre dont le vaste feuillage suffit pour mettre à couvert de la pluie, cette reine et tous ses cavaliers. C'est de cette mémorable aventure, ajoutèrent-ils que l'arbre a pris le nom de châtaignier de *cent chevaux* ; mais les savans qui ne sont point de ce hameau, prétendent que jamais aucune Jeanne d'Aragon n'a visité l'Etna, et ils sont persuadés que cette histoire n'est qu'une fable populaire.

« Cet arbre si vanté, et d'un diamètre si considérable, est entièrement creux ; car le châtaignier est comme le saule, il subsiste par son écorce, il perd en vieillissant, ses parties intérieures, et ne s'en couronne pas moins de verdure. La cavité de celui-ci est immense ; des gens du pays y ont construit une maison et un four pour faire sécher des châtaignes, des noisettes, des amandes et autres fruits que l'on veut conserver ; c'est un usage général en Sicile. Souvent quand ils ont besoin de bois, ils prennent une hache et ils en coupent à l'arbre même qui entoure leur maison ; aussi, ce châtaignier est dans un grand état de destruction.

« Quelques personnes ont cru que cette masse était formée de plusieurs châtaigniers qui, pressés les uns contre les autres, et ne conservant plus que leurs écorces, n'en paraissaient qu'un seul à des gens inattentifs. Ils se sont trompés, et c'est pour dissiper cette erreur que j'ai tracé le plan géométral; toutes les parties mutilées par les ans et par la main des hommes m'ont paru appartenir à un seul et même tronc; je l'ai mesuré avec la plus grande exactitude, et je lui ai trouvé cent soixante pieds de circonférence. »

Malgré l'état de délabrement de son tronc, ce châtaignier se couvre d'un beau feuillage au moment de la belle saison; il donne des fruits en abondance, et depuis longues années, on le voit végéter dans le même état. Sa naissance me paraît se perdre dans l'antiquité la plus reculée; il est peut-être aussi ancien que le monde ; il s'est peut-être nourri des sucs fondans de la terre encore vierge, et sortant des mains du Créateur. Comme le cèdre du Liban, au tems de Salomon, le châtaignier de l'Etna, et le boabab des Canaries de nos jours, restent debout au milieu des siècles de destruction qui se succèdent depuis cette grande époque.

Nous avions autrefois en France de vastes forêts de châtaigniers, toutes nos montagnes de troisième ordre étaient couvertes de ce bel arbre ; mais il n'en reste plus maintenant que des débris. Les Vosges, le Mont-Jura, les montagnes des environs de Lyon, des Alpes françaises, les bois de l'Esterel, les Cévennes, les Pyrénées, la vallée de Baigorry, offrent encore la trace de ces forêts antiques, où les Druides faisaient entendre leurs hymnes sacrées. L'égoïsme et la cupidité, plutôt que les changemens de température, ont fait disparaître depuis long-tems ces sources de la fécondité. Il est à désirer qu'un autre sentiment leur succède.

Culture du Châtaignier.

Le châtaignier se plaît en général dans les terres sablonneuses qui ont beaucoup de fond, il languit et meurt dans celles qui ont le tufe à deux ou trois pieds de profondeur. On multiplie cet arbre de semences qu'on sème en pépinière, d'où l'on tire les sujets pour les transplanter ailleurs. Pour faire une pépinière de châtaigniers, il faut choisir un emplacement dont la nature du sol leur convienne, et qu'ils soient autant que possible abrités des vents par des haies vives ou par des arbres. On dispose le terrain par planches de six à sept pieds de largeur, après l'avoir rendu meuble par plusieurs bons labours. On trace ensuite, à six pouces les unes des autres, de petites rigoles de deux pouces et demi à trois pouces de profondeur, on y place les châtaignes une à une, en les écartant de trois pouces les unes des autres, et on les recouvre d'un peu de terre au moyen du râteau. Avec les soins ordinaires pour les pépinières, le semis peut rester en place pendant deux ans; mais à la fin, de la seconde année, les jeunes châtaigniers ont besoin d'être transplantés dans une autre partie de la pépinière, où on les place à deux pieds les uns des autres en tous sens. C'est là qu'ils doivent rester quatre ou cinq ans jusqu'à ce qu'ils aient acquis assez de force pour être plantés à demeure.

Les châtaigniers sont bons à mettre en place quand ils ont acquis assez de force pour être plantés à demeure.

Ces arbres sont de nature à prendre un grand accroissement et doivent être plantés à des distances proportionnées à l'étendue des rameaux qu'ils pourront avoir un jour; ce n'est pas trop de les mettre à trente ou quarante pieds les uns des autres. Quand on veut les greffer, il faut leur couper la tête en les plantant, parce qu'on obtient par là un nouveau jet de bois sur lequel il est plus facile de pratiquer la greffe en fente, seule espèce de greffe qui soit en usage pour les châtaigniers. Ceux qu'on ne greffe point, s'élèvent davantage; ils atteignent à la hauteur des plus grands arbres des forêts; mais leurs fruits sont rarement aussi gros et aussi abondans que ceux des châtaigniers greffés.

La transplantation de ces arbres, aussitôt après la chute des feuilles, est de beaucoup préférable à celle qu'on ne fait qu'en février et mars. A la première époque, il est plus facile d'avoir le choix du jour, et l'on peut par conséquent saisir l'instant où la terre n'est ni trop mouillée, ni trop sèche ; comme la terre s'affaisse naturellement pendant l'hiver, elle s'unit plus entièrement aux racines ; l'eau des pluies, des neiges, filtre plus facilement et traverse un terrain nouvellement remué, le pénètre plus profondément, et y entretient une humidité précieuse aux racines des arbres. Lorsqu'on diffère au contraire la transplantation jusqu'à la fin de l'hiver, l'humidité s'échappe plus facilement d'une terre nouvellement labourée, et s'il ne vient pas de pluies, l'arbre planté dans un sol plus ou moins sec, y languit faute de nourriture convenable, que ces racines, encore peu unies à la terre ne sauraient y puiser.

Le châtaignier commence à rapporter quatre ou cinq ans après avoir été greffé, et son produit va toujours en augmentant d'année en année, jusqu'à l'âge le plus avancé, dont il est difficile de fixer le terme.

Récolte et conservation des Châtaigniers.

Les Châtaignes, pour jouir de toute la saveur qui leur est propre, et pour être susceptibles d'être conservées, demandent à être cueillies dans leur complète maturité; en conséquence, il faudrait attendre qu'elles tombent naturellement. C'est ce que l'on fait dans certains endroits; mais dans d'autres, on les gaule, c'est-à-dire, qu'on les abat à grands coups de perches, lorsque la plus grande partie est voisine de ce point. Cette dernière pratique doit être blâmée; cependant on est forcé de la suivre sous peine de perdre une partie de sa récolte, parce que les neiges sont très-hâtives dans la zône propre aux châtaigniers.

Lorsqu'on veut les conserver ou les vendre tout de suite, on les sépare sous l'arbre même de leur brou, lequel, lorsqu'il n'est pas ouvert avant sa chute, ne tarde pas à l'être, surtout s'il fait soleil. Pour forcer cette ouverture, on emploie habituellement les pieds, rarement les mains, à raison des épines très-piquantes qui entourent ce brou. Il faut voir avec quelle prestesse les habitans des montagnes, presque toujours porteurs de sabots, font cette opération sans presque jamais briser la châtaigne.

Lorsqu'on veut les garder fraîches, on les emporte dans leur brou, et on les entasse en plein air ou sous un hangard; alors on ne les dépouille qu'à mesure du besoin. On gagne à cette méthode, que le fruit, lorsqu'il tient encore dans le brou, se perfectionne au lieu de s'altérer; mais il arrive une époque où il faut nécessairement l'en séparer, et elle ne s'étend guère au-delà de deux mois. On dit que, ramassées par la rosée, elles se conservaient plus long-tems et étaient moins susceptibles d'être attaquées par les vers; mais il est évident pour tout homme instruit en physique et en histoire naturelle, que cela ne peut pas être, puisque la rosée n'est que de l'eau.

Une humidité modérée concourt certainement à la bonne conservation des châtaignes; mais ce n'est pas au moment de leur récolte qu'il est nécessaire de l'augmenter, c'est lorsque l'évaporation l'a diminuée. Il est mieux sous tous les rapports de s'opposer à cette évaporation, que de la suppléer en conséquence. On met les châtaignes avec leur brou, en tas, à l'air, ou dans des chambres basses, ou dans des tonneaux, dans le sable, etc.; cependant il ne faut pas qu'elles y restent trop long-tems, parce que d'un côté elles prennent un mauvais goût, et que de l'autre elles germent ou pourrissent. Ce sont ces considérations qui ne permettent pas de les renfermer dans des caves, où une température plus haute que celle de l'atmosphère accélèrerait leur perte. En général, on doit se plaindre que dans les pays où les cultivateurs vendent leurs châtaignes pour la consommation des villes, ils les entassent dans des lieux très-humides; on les régalent (c'est le mot) fréquemment d'eau, pour leur conserver une belle apparence, mais cette surabondance d'humidité nuit beaucoup à leur saveur et à leur conservation postérieure, et même en fait perdre chaque année d'immenses quantités.

Lorsque la châtaigne est séparée de son brou, ou que ce dernier est assez détaché pour qu'il ne puisse lui être utile, il convient de l'en séparer complétement. Cela a lieu quinze jours après la récolte. Alors les châtaignes doivent être conservées dans des endroits secs, et mis en tas assez épais, pour qu'elles ne puissent pas s'échauffer. Les uns les stracifient avec de la paille, les autres dans du sable. Ce dernier moyen, qui est celui qu'on emploie dans les pépinières, est certainement le meilleur. Il peut fournir des châtaignes fraîches jusqu'au milieu de l'été suivant.

Parmentier propose de prolonger

encore cette époque en faisant en partie dessécher les châtaignes au soleil, en les y exposant sur des claies pèndant sept à huit jours, ou bien en les faisant bouillir pendant un quart d'heure dans l'eau, et les faisant dessécher ensuite au four. Ces moyens sont peu dans le cas d'être employés, parce que dans le premier, le soleil n'est plus assez chaud après la récolte des châtaignes pour produire un grand effet, et que dans le second il faudrait des chaudières immenses, de nombreux fours et beaucoup d'emploi de tems.

Dessication complète des Châtaignes.

Dans les pays où les habitans font leur principale nourriture de châtaignes, on dessèche complètement celles qu'on destine à être conservées. De toutes les méthodes usitées pour cet effet, il n'en est aucune qui vaille celle qui est pratiquée dans les Cévennes ; je vais la donner telle qu'elle est décrite par Parmentier, dans son excellent Traité de la Châtaigne, imprimé en 1780.

« La claie de Cévennes, dit cet auteur estimable, est un bâtiment qui a quatre faces, et dont deux opposées sont parallèles. Pour construire une claie, on choisit un angle du bâtiment, afin d'éviter en partie la dépense des murs et des cloisons ; on établit à la hauteur de six pieds neuf pouces du rez-de-chaussée, un plancher composé de six fortes poutres, à des distances égales et bien mises de niveau ; on attache dessus ces poutres des morceaux de bois d'égale longueur aplatis par-dessus et aux deux bouts : le dessous est un dos-d'âne, afin qu'ils reçoivent mieux la fumée ; ces morceaux de bois sont creusés à chacune de leur extrémité, sur le milieu des poutres, et à la distance d'un tuyau de grosse plume. Cet assemblage forme ce qu'on appelle la *sétonnade*.

« On donne à cette claie ordinairement deux toises et demie en carré hors d'œuvre : l'on peut placer dessus jusqu'à trois pans de châtaignes fraîches ; et le pan de châtaignes sèches doit rendre environ cent vingt-huit sétiers pesans, cent-vingt-quatre livres chacun.

Le bâtiment qui renferme la claie, est ordinairement de huit toises de hauteur.

On le place autant qu'il est possible à couvert du mauvais tems vis-à-vis la porte d'entrée. On pratique au rez-de-chaussée une ouverture d'un demi-pied de large, et d'un pied de hauteur; elle sert à éclairer et à donner au feu l'activité nécessaire; on fait outre cela uné porte au-dessus de la claie, et dans le milieu des faces du carré, et de chaque côté de la porte, une ouverture d'environ huit pouces de haut dans la face opposée à environ trois pieds au-dessus de la grille; on pratique trois ouvertures, savoir : deux qui correspondent à celle de la face où est la porte, et une troisième vis-à-vis la porte, d'un pied plus haut que les autres, et à trois pieds au-dessus de la grille, ou la claie.

« Enfin, on fait près du toit, et dans chacune des quatre faces une ouverture d'un demi-pied en carré, pour donner issue à la fumée qui passe sous le lit des châtaignes étendues sur la claie, et qui les sèche. Ces ouvertures doivent être pratiquées les unes vis-à-vis des autres, dans les faces opposées. Le toit ne doit point être de planches jointes. Toutes planches peuvent servir à cette destination : on y pratique de chaque côté deux lucarnes de grandeur médiocre. On voit bien que toutes les différentes ouvertures ménagées dans la partie supérieure de la claie sont destinées à donner un libre cours à la fumée, à mesure qu'elle s'élève ; sans cela, elle se rabattrait sur les châtaignes, et par son séjour les roussirait et leur donnerait un goût de fumée. On place toutes les autres ouvertures en opposition, afin que le vent trouve une issue qui soit dans la direction, et qu'il entraîne et chasse sans obstacle la fumée. Si on plaçait la claie dans une cage de murs, qui ne pourrait pas avoir d'ouvertures aux quatre faces, il ne faudrait en pratiquer que sur les faces libres et opposées, et en augmenter le nombre.

« Lorsqu'on veut se servir de la claie construite avec toutes ces précautions, on a soin que le selon ou baton de grille soit bien net, taut par-dessus que par-dessous avant qu'on y place les châtaignes ; dès qu'elles y sont, l'homme préposé à la conduite du séchoir doit avoir la plus grande attention de balayer chaque jour le dessous des poutres, du plancher, afin d'enlever la suie et la poussière qui prendraient feu.

« L'on place les chataignes par lit sur la claie, et dès qu'on a mis trois ou quatre sacs, on allume le feu par-dessous, ainsi qu'on le dira; on les fait suer d'abord, et dès qu'elles ont sué, on suspend le feu pendant une demi- journée, pour laisser refroidir les châtaignes; alors on les met de côté, et l'on couvre les parties dégarnies de châtaignes qui ont sué et par dessus les chataignes fraîches, et l'on continue le feu pour faire suer celles-ci. Lorsque toute la claie est garnie de châtaignes qui ont également sué, on entretient un feu doux pendant deux ou trois jours, et on l'augmente ensuite par degrés; cet instant est le plus critique pour le succès de l'opération. La graduation du feu est une chose essentielle. Après neuf ou dix jours de feu continuel qu'on a augmenté par degrés, on retourne les châtaignes avec une pelle. L'on continue ensuite à gouverner le feu de la même manière qu'auparavant, jusqu'à ce qu'on soit assuré que les châtaignes sont suffisamment sèches : on le reconnaît en en faisant battre un boisseau; si elles sont suffisamment sèches, elles se dépouillent de leur peau intérieure.

« On fait le feu avec de grosses branches de châtaignier couvertes toutes autour de poussière de châtaignes; et, à son défaut, de celui de la sciure de bois : on évite par cet arrangement que le feu ne fasse de la flamme, parce qu'on veut qu'il produise beaucoup de fumée. On ne lui donne qu'une petite ouverture au milieu pour lui procurer de l'air. On observe outre cela de placer toujours le feu sous une des poutres de la claie, et de le changer de place de tems en tems, afin de faire sécher également partout les châtaignes, si la claie en est entièrement couverte.

« Lorsque les châtaignes sont bien sèches, on les retire de dessus la claie, et on les bat pour les dépouiller de leur peau: par cette opération, qui s'exécute tout de suite, après que les châtaignes ont été enlevées de dessus la claie, il est nécessaire d'avoir un banc très-fort dont la surface supérieure soit unie, et dont la longueur soit proportionnée à la quantité de châtaignes qu'on se propose de battre. On bat ordinairement vingt sétiers de châtaignes à la fois, et ce travail occupe deux hommes. Pour renfermer ces vingt sétiers, on forme un sac d'une bonne toile grise qui est ouvert par les deux bouts : avant d'y mettre les châtaignes sèches, on fait tremper ce sac dans l'eau, où l'on a fait bouillir du son, afin de donner à la toile plus de souplesse.

« L'un des deux hommes tient le sac par un bout pendant que l'on le remplit de châtaignes sèches avec une mesure connue. On lie par les deux extrémités, et après l'avoir placé sur le banc, ils frappent tous deux avec un bâton cinquante ou soixante coups : ils brisent ainsi l'écorce entière, et détachent en même tems la peau intérieure qui mettait à couvert la substance farineuse de la châtaigne. Un des hommes ouvre le sac, en tire les châtaignes battues, et les met dans un vase que l'autre présente ; il les agite et les vanne, et par cette opération, il sépare celles qui ne sont pas dépouillées de leur peau d'avec celles qui en ont le moins retenu : on remet les premières dans le sac, pour être battues de nouveau. Il est nécessaire de tremper de tems à autre le sac dans l'eau, sans quoi il serait déchiré par le battage.

« On laisse quelquefois en tas les châtaignes après qu'elles ont été dépouillées de leur peau, ensuite on les remet dans le sac ; enfin, on les vanne et on les tire, et on met à part celles qui sont mondées.

« Comme il tombe une certaine quantité de châtaignes dans la poussière, des débris de l'écorce entière et de la pellicule, on a soin de les en retirer. Cette poussière se nomme *brisat*. Ce brisat sert à engraisser les bestiaux, parce qu'outre la pellicule, il contient des morceaux de la substance de la châtaigne.

« Quoiqu'on ait l'habitude de faire sécher une certaine quantité de châtaignes dans les principaux domaines du

Limousin, cependant il manque à cette pratique tant de circonstances essentielles, qu'on est éloigné d'en tirer ce qu'il était possible d'en attendre, puisque toute la pratique des habitans de cette contrée se réduit à étendre sur une claie fort grossière des châtaignes, et à les exposer à l'action de la fumée, et à les garder lorsqu'elles sont sèches avec les écorces de leur pellicule.

« Les châtaignes ainsi gardées, acquièrent une couleur noirâtre, et deviennent moëlleuses lorsqu'on les fait cuire; la plupart ont un goût d'empyreume très-marqué, au lieu que ce fruit, préparé suivant les procédés des Cévennes, se conserve très-ferme après la cuisson. Il a un goût sucré assez agréable, et presque aussi bon que celui dont on vient de faire la récolte : il peut se conserver non-seulement tout l'hiver, mais encore d'une année à l'autre sans rien perdre de sa beauté.

DEUXIEME PARTIE.

PRÉPARATION DES CHATAIGNES.

Manière de faire rôtir les Châtaignes dans un tambour à café, sous les cendres chaudes et à la poële.

Pour faire rôtir les châtaignes dans un tambour à café, on commence par les inciser avec la pointe d'un couteau jusqu'à la substance blanche du fruit, ensuite on les met dans son tambour, qu'on ne doit pas entièrement remplir avec une ou deux mesures, dont l'écorce n'a pas été coupée comme les autres. On le place ainsi garni sur son fourneau ardent; on lui imprime des mouvemens circulaires à l'aide de sa manivelle; et lorsque celles qui sont entières éclatent, elles annoncent que les autres sont cuites, qu'il est tems de retirer le tambour du feu, et d'en sortir les châtaignes. Lorsqu'on veut faire rôtir les châtaignes sous les cendres chaudes, on les incise comme pour la manière précédente, ensuite on les met dans son foyer dans une place convenablement préparée et disposée de la manière la plus favorable pour la cuisson, en ayant soin d'en mettre une qui soit entière ; on les recouvre de cendres chaudes qu'on renouvelle de tems en tems, et quand celle qui n'est pas fendue éclate, on les ôte du feu pour les manger à moitié chaudes. Quand on veut rôtir ce fruit dans une poële percée, on l'incise, puis après on le place dans son instrument qu'on expose à l'ardeur du feu, en ayant soin de remuer de tems en tems avec une spatule de bois, afin d'éviter qu'il se brûle. Lorsque les châtaignes commencent à se dépouiller de leur peau, et que leur couleur devient roussâtre, on les retire du feu tout de suite, sans quoi elles se charbonneraient bien vîte, et n'offriraient plus alors qu'un aliment d'un fort mauvais goût.

Telles sont en peu de mots les trois manières usitées pour rôtir des châtaignes ; mais de ces trois manières, il n'y a que la première qui soit bonne, aussi c'est elle qui est la plus généralement employée par les amateurs de ce fruit.

Méthode usitée à Bordeaux pour préparer les Châtaignes.

On commence par enlever la peau extérieure des châtaignes à l'aide d'un couteau. Lorsque ce travail est achevé, on les met macérer dans de l'eau fraîche pendant deux ou trois heures, à l'effet d'en ramollir la pellicule qui recouvre la substance blanche du fruit.

Au bout de ce tems, on les retire de l'eau, on les met dans une corbeille avec quelques poignées de platras; et là, avec une mauvaise savate, on les roule fortement pour en enlever la pellicule. Quand elles en sont entièrement dépouillées, on les retire de la corbeille; on les lave plusieurs fois pour en détacher les débris de pierre qui y adhèrent. Ensuite on les met dans un pot de terre vernissé, avec une petite quantité d'eau, une poignée de sel et quelques feuilles de figuier, on les place sur un feu modéré, et on les fait cuire en s'opposant à l'issue de la vapeur. Quand elles ont acquis ce point, on retire le pot du feu, on en jette toute l'eau, ou on la garde pour une autre fois, et on le replace après sur les cendres chaudes l'espace d'une demi-heure, pour les faire rissoler, afin qu'elles acquièrent un goût plus agréable.

Les châtaignes ainsi préparées, offrent un goût fort délicat, j'en ai mangé plusieurs fois pendant le séjour que j'ai fait dans cette ville, et je les ai toujours trouvées fort exquises; aussi j'invite les amateurs de ce fruit à en préparer par ce moyen.

Méthode employée par les habitans du Dauphiné, pour préparer les Châtaignes.

On commence par enlever la peau extérieure des châtaignes, ensuite on les passe à la poële pour les faire chauffer et enlever la pellicule ; quand elles en sont entièrement dépouillées, on les fait cuire dans un pot de terre, avec une suffisante quantité d'eau, une petite poignée de sel et quelques feuilles de thym ou de romarin. Lorsqu'elles sont bien cuites, on les ôte du pot, on les réduit en une espèce de marmelade ou de purée, qu'on mêle ensuite avec du lait chaud, quelques jaunes d'œuf, et un peu de sucre. Cette préparation est fort agréable, surtout si on lui donne un peu de consistance, ce qui la rapproche par là du gâteau.

Méthode usitée dans le Limousin pour préparer les Châtaignes.

« On commence, dit Desmarets, de qui j'emprunte la description (*Journal de Physique*, tome 1er.), par peler les châtaignes, en ôtant la peau extérieure: cette opération se fait dès la veille du jour où l'on se propose de les faire cuire. Les domestiques dans les maisons des particuliers, et les ouvriers dans les métairies s'occupent de ce soin pendant la veillée.

« Ils détachent assez facilement avec un couteau la peau extérieure qui est adhérente à la châtaigne, et qui est comme collée par-dessus, parce qu'elle s'insinue dans le sinus profond de ce fruit, et en revêt les parois. Voici les procédés employés pour dépouiller la châtaigne de cette pellicule appelée *tan* en Limousin. On met pour cela de l'eau dans un pot de fonte de fer (il n'y a pas de ménage, dans cette province qui n'ait ce meuble de cuisine si nécessaire). On remplit le pot à la moitié, et lorsque l'eau est bouillante, on y met avec une écumoire les châtaignes pelées de la veille. On ménage l'eau, comme nous l'avons observé, parce que si elle excédait la surface des châtaignes, elle gênerait dans l'opération du déboiradour. On laisse le pot sur le feu, et on remue beaucoup les châtaignes avec une écumoire, jusqu'à ce que l'eau chaude ait pénétré la substance du tan, et produit un gouflement qui détruit son adhérence au corps de la châtaigne. On s'assure de ce point principal, en tirant du pot quelques châtaignes, et en les comprimant sous les doigts ; lorsqu'elles s'échappent par la compression en se dépouillant de tous leurs tans sans autre effort, on retire bien vîte le pot du feu, et l'on procède à l'opération du déboiradour.

« Cet instrument est composé de deux barres de bois attachées en forme de croix de saint-André, au milieu de leur longueur par une cheville autour de laquelle les bras des barres mobiles peuvent s'ouvrir en s'éloignant, ou se fermer en se rapprochant. On a pratiqué le long des deux bras qui sont destinés à entrer dans le pot, plusieurs coches entamées sur leur quatre arrêtes, car, ils ont une forme carrée. On enfonce ces deux bras de barres un peu écartées dans le pot, au milieu des châtaignes, et avec les deux autres bras, on tourne en ouvrant et en fermant. Par cette action réitérée, les châtaignes s'en échappent, glissent contre les parois du pot, et les deux bras du lévier; alors, elles se dépouillent du tan qui les couvrait, et qui obéit au moindre frottement, au moyen de l'état de ramollissement qu'il a éprouvé dans l'eau. A mesure qu'on a tourné le déboiradour, on suit des yeux les progrès du dépouillement de la pellicule, et l'on voit le tan s'élever à la surface des châtaignes, s'amonceler le long des parois intérieures du pot, tout au tour des bords; enfin, les châtaignes paraissent comme blanches : c'est le tems dont on se sert pour exprimer le résultat du dépouillement de la pellicule.

« On les retire en cet état du pot avec une écumoire, et on en met une certaine quantité sur un grelou, ou greloi : c'est une espèce de crible à large voie, dont le tissu est formé par deux rangées de lattes fort minces de bois de châtaignier; elles sont entrelacées les unes dans les autres à angles droits, en forme de natte, et placées à une distance de quatre à cinq lignes, qui est la largeur du trou qu'on y a ménagé.

A chaque fois qu'on met des châtaignes sur le grelou, on les agite en tournant pour achever de les dépouiller du tan, on verse les châtaignes dans un pot, où s'écoule le grelou; pour emporter le tan qui est engagé dans les inégalités, on y remet d'autres châtaignes, et l'on réitère les mêmes opérations jusqu'à ce que toutes les châtaignes aient passé successivement sur le grelou. Après toutes ces manipulations, les châtaignes sont blanchies, mais elles ne sont pas cuites; on a l'attention de ménager la chaleur de l'eau pour que le tan soit seulement ramolli; car l'action du déboiradour et celle du grelou sur les châtaignes qui auraient éprouvé un commencement de cuisson, les réduiraient en petits grumeaux qui s'échappent par les trous du grelou, ce qui produirait sur la totalité un déchet fort considérable.

« On procède ensuite à la cuisson des châtaignes ; pour cela, on jette l'eau qui est dans le pot, et qui dans le peu de tems que les châtaignes y ont séjourné, s'est chargée d'une partie extractive dont l'amertume est insupportable. On verse de l'eau froide sur les châtaignes blanchies ; on les lave pour emporter le reste du tan, et peut-être celui de l'eau amère qu'elles pourraient avoir conservée ; enfin, on les remet dans le pot de fer, qu'on a bien lavé, et où l'on a mis de l'eau chaude dans laquelle on a fait fondre du sel. Quelques personnes employent l'eau chaude, d'autres se contentent de l'eau froide; on varie beaucoup pour la quantité d'eau, mais je pense qu'il vaut mieux employer l'eau chaude pour cette seconde opération, et en ménager la quantité.

« Lorsque le pot a été rempli de châtaignes avec toutes ces attentions, on les place sur le feu, et on les fait bouillir pendant quelques minutes. Cela suffit pour donner aux châtaignes le degré de cuisson convenable, et on achève d'en extraire la partie amère dont elles sont imprégnées; pour lors, on verse l'eau par inclination, en retenant les châtaignes avec le couvercle du pot. Cette eau est fort colorée et peu amère; cependant, comme elle est salée, certaines personnes la mettent à part par économie, et la conservent pour servir avec une petite addition de sel à l'opération du lendemain. On achève la cuisson des châtaignes en plaçant sur un feu doux, le pot où il n'est resté que les châtaignes sans eau, on facilite cet effet en garnissant le couvercle avec un gros linge qui concentre la chaleur; on retourne le pot pour qu'il présente ses différens côtés à l'action du feu, afin que la chaleur se distribue également dans toute la masse des châtaignes. Par cette attention, les châtaignes perdent l'eau extractive abondante qui les pénétrait, et à mesure qu'elles cuisent, elles prennent alors un goût, une saveur que n'ont point celles qu'on fait cuire sous la cendre. On les retire du pot après un certain tems, et on a soin d'éviter qu'elles ne contractent un goût de brûle en s'attachant trop aux parois intérieures du pot ; celles qui touchent à ses parois sont recherchées par les friands, parce qu'elles sont plus rissolées et plus privées de leur eau extractive ; et par une raison contraire, celles qui sont au centre du pot sont moins bonnes, se grumèlent, parce qu'elles n'ont pas acquis une certaine consistance.

« Quoique l'eau dans laquelle on a préparé les châtaignes soit amère, cependant on la réserve avec le tan et quelques petits débris de la substance farineuse de la châtaigne qui s'en détache lors de l'opération du déboiradour et du grelou, et on la donne aux cochons qu'on engraisse, ils en sont friands, et l'on prétend que le lard des cochons auxquels on en donne régulièrement pendant quelques mois, acquière un très-bon goût, surtout lorsqu'on ajoute une petite quantité de châtaignes. »

Cette manière de préparer les châtaignes est très-saine, parce qu'elle les dépouille de cette eau amère et astringente toujours nuisible aux personnes sujettes aux calculs des reins, à l'engorgement des viscères abdominaux et aux coliques.

Méthode usitée en Angleterre.

On commence par peler les châtaignes, après on les fait bouillir quelques minutes à l'effet de leur enlever leur pellicule; lorsqu'elles en sont bien débarrassées, on les met cuire dans un pot avec une quantité d'eau convenable, et quand elles sont cuites, on les en retire, on les comprime légèrement pour leur donner une forme plate, et on les place ainsi dans une assiette; ensuite on compose un syrop avec une livre d'eau, une demi-livre de sucre blanc, le jus d'un fort citron, et quelques gouttes d'eau de fleur d'oranger; on le fait réduire à moitié, et on le verse tout bouillant sur les châtaignes qui doivent être toujours mangées chaudes. Cette préparation est fort agréable.

Manière de glacer les Marrons.

On choisit une centaine de beaux marrons de Lyon ou d'Agen, on les fait cuire sous les cendres chaudes après les avoir incisés. Pendant ce tems, on clarifie une livre environ de sucre, qu'on fait cuire à perler, ensuite on pèle ses marrons, puis on les jette les uns après les autres dans le sucre, et on les en retire aussitôt avec une cuillère pour les jeter dans l'eau fraîche, afin que le sucre qui les couvre se glace.

Méthode usitée à Paris pour faire des biscuits de Marrons.

On fait bouillir un pot plein de marrons, on les prive après de leur peau tant extérieure qu'intérieure, on les pétrit ensuite dans une terrine ou autre vase, avec une demi-livre de sucre fin et une douzaine environ de blancs d'œufs. Lorsqu'ils sont bien réduits en pâte, on dresse ses biscuits sur des feuilles de papier blanc, en rond, un peu plus gros qu'un macaron, ou en long comme les biscuits à la cuillère, on les fait cuire ainsi dans un four, dont la chaleur est douce, et lorsqu'ils ont pris une belle couleur, on les en retire et on les lève de dessus le papier après leur entier refroidissement en évitant de les briser.

Compote de Marrons.

On fait rôtir une centaine, plus ou moins, de beaux marrons sous les cendres chaudes. Lorsqu'ils sont convenablement rôtis, on les pèle, on les aplatit un peu avec la main, et on les met à mesure dans une petite poële avec un peu de sucre clarifié légèrement, et on les mitonne sur un feu modéré pendant une demi-heure; ensuite on les dresse dans un compotier, et on jette sur sa préparation un peu de jus de citron, et du sucre blanc en poudre.

Méthode usitée en Corse pour faire du pain de Châtaignes.

En Corse, on commence à récolter les châtaignes vers le milieu de l'automne; à mesure qu'on les ramasse, on les porte sur le galetas, qui est un grenier ou plutôt un entresol formé en claie, construit dans une des pièces de la maison que l'on destine à la cuisine, et qui est ordinairement sous le toit. Cet entresol élevé de sept pieds environ du plancher, est formé d'une poutre et de plusieurs soliveaux qui la traversent; c'est sur ces soliveaux qu'est construite la claie, ou galetas; elle est faite de lattes épaisses d'un pouce à peu près, et larges de deux, et posées de manière qu'il reste entre chacune d'elles un intervalle de trois lignes, pour donner un libre cours à la fumée ; c'est sur cette claie qu'on entasse les châtaignes à mesure qu'on les ramasse, on les met sur un pied et demi de haut, et aussitôt qu'il y en a de la largeur de trois pieds, on fait du feu dessous.

On a pour cet effet un fourneau en bois de deux pieds et demi de large en carré, sur dix pouces de haut ; le foyer garni en briques ou en pierres, est élevé d'environ six pouces de terre ; on doit avoir l'attention de ne pas mettre de châtaignes sur celles où on a commencé à mettre le feu, mais de suite, jusqu'à ce que la claie soit remplie à à un coin près que l'on réserve pour placer les châtaignes à mesure qu'elles ont jeté leur feu ou plutôt leur humidité. Cette précaution n'est nécessaire qu'autant que l'on aurait d'autres châtaignes à faire sécher ; autrement, on couvre entièrement la claie sur la même hauteur que l'on a commencé ; mais il faut avoir l'attention d'avoir un second fourneau pareil au premier ; la grandeur importe peu, on doit faire usage de celui-ci pour faire du feu sous les dernières châtaignes qui ont été emmagasinées.

Cette manière de mettre le feu sous les châtaignes est absolument indispensable si l'on veut les conserver sèches, et les préserver des vers et de tous insectes qui pourraient les attaquer. Le feu que l'on fait sous les châtaignes doit être fort vif et continu, même une partie de la nuit, il les fait suinter, et fait périr les vers qu'il peut y avoir. Aussitôt qu'on s'aperçoit que la châtaigne ne suinte plus, ce qu'il est aisé de reconnaître à l'écorce qui ne doit plus être humide, on transporte le foyer dans une autre partie de la claie, où se fait le feu, mais toujours tout de suite et où l'on a reconnu que les châtaignes n'ont pas encore fomenté; on a soin aussitôt de lever avec une pèle les châtaignes qui ont passé au feu, ou plutôt à la fumée, et de les amasser dans le coin que l'on a laissé vide, si, comme il est dit plus haut, il a été reconnu nécessaire; autrement, on les laisse sur le lieu, et l'on continue toujours le feu, et ainsi de suite, tout autour de la claie et dessous, qui est ordinairement le lieu où toute la famille se chauffe, et où elle fait sa cuisine.

Il est à propos qu'il y ait des fenêtres pratiquées dans le toit de la claie, pour les ouvrir lorsqu'il fait de grands vents, à l'effet de sécher la châtaigne, que la fumée a séchée en partie; alors le feu ne devient plus nécessaire que pour faire suinter les châtaignes qui ne le sont pas encore, et en tirer toute l'humidité qui peut les préjudicier.

La châtaigne une fois séchée, ce qui demande un feu continuel de dix ou douze jours au moins sous les différentes parties de la claie, on la laisse sur cette claie, et on ne la lève qu'autant qu'on en aurait d'autres à placer. Trois mesures quelconques de châtaignes fraîches n'en rendent qu'une des sèches, de sorte qu'outre l'écorce, la peau, et l'humidité qu'elles contenaient, elles perdent deux tiers de leur volume. Lorsqu'on veut les employer, on en met une certaine quantité dans un sac environ à moitié de ce qu'il peut contenir; et deux femmes tenant chacune ce sac par les extrémités, le frappent avec force, et plusieurs fois, sur un bloc de bois, et cela jusqu'à ce qu'elles voient que l'écorce et la peau de la châtaigne soient entièrement levées.

Il y a encore une autre manière de les battre, et moins dispendieuse, en ce qu'elle n'occupe qu'une seule personne; c'est d'avoir un sac de toile fait en cône, dont la bouche doit être la partie la plus étroite : ce sac doit contenir un boisseau, plus ou moins, suivant la force de celui ou de celle qui doit le manier; et pour détacher son écorce, on frappe de droite et de gauche sur le bloc en tenant le sac par l'extrémité du cône, et cela, jusqu'à ce que la châtaigne soit nette. Cette opération finie, lorsqu'on veut porter les châtaignes au moulin, on les met auparavant au four, mais longtems après avoir retiré le pain pour le sécher : il faut prendre garde qu'elles ne rôtissent, mais cependant il est nécessaire qu'elles soient extrêmement sèches; on les porte ensuite au moulin, et on les moud comme le grain; à la différence près, qu'elles ne donnent point de son et que tout s'emploie à la fabrication du pain.

Après les premiers vents, il faut avoir soin de faire ramasser les feuilles de châtaigniers les plus larges, et les entasser les unes sur les autres en paquets plus ou moins considérables; on les lie et on les conserve ainsi pour en faire usage lorsqu'on veut fabriquer du pain.

La farine une fois faite, on la prépare comme celle de grains; on y met le levain la veille, et l'on pétrit dans un may qui doit servir pour transporter la pâte au four; cette pâte doit être bien pétrie et claire; elle s'épaissit en levant; mais elle ne doit jamais être ferme comme est la pâte de grains. La farine prend plus ou moins d'eau, suivant la sécheresse de l'année; mais la règle ordinaire est que sur cinquante-quatre livres de farine, il y entre environ vingt livres d'eau; cela dépend beaucoup aussi du soin que l'on a pris pour bien sécher les châtaignes.

Lorsque la pâte est convenablement levée et le four chaud, on porte le may au four avec suffisamment de feuilles pour en former le pain; la pelle, ordinairement de fer, est d'une forme ronde : il faut avoir l'attention de tenir dans un coin du four, du bois clair allumé pour éclairer celui qui enfourne et défourne, et entretenir en même tems le même degré de chaleur : lorsqu'il est question de mettre le pain de châtaigne au four; il est nécessaire qu'il y ait trois personnes: la première tient la pelle; la seconde à son côté pose sur la pelle trois feuilles de châtaignier placées l'une sur l'autre, mais sur la largeur, à peu de chose près de la pelle; la troisième prend de sa main gauche une poignée de pâte, la pose sur les feuilles de châtaignier placées sur la pelle, et l'applatit de sa main droite qu'elle a trempée auparavant dans un vase d'eau qu'elle a placé auprès du may pour cet effet : alors la première enfourne à fur et à mesure qu'elle est servie; elle doit avoir l'attention de regarder lorsque le pain commence à devenir roux, pour le retirer alors du four, afin de faire place à d'autres, et prendre soin de retirer chaque pain à mesure qu'elle aperçoit qu'il est cuit.

Ce pain tiré du four, s'entasse l'un sur l'autre dans une corbeille : il n'a jamais la fermeté des pains de grains; il est doucereux et agréable à manger; il se digère facilement, est sain et d'un grand secours pour les gens de la campagne qui n'en mangent pas d'autres; il se conserve quinze jours et plus; mais pour l'ordinaire en Corse, on le fait toutes les semaines.

Suivant Parmentier, ce pain des Corses n'a jamais les qualités qu'on exige d'un pain de grain, et ce n'est tout au plus qu'une galette, d'ailleurs fort utile au peuple qui s'en nourrit. Après beaucoup de recherches fort intéressantes, ce zélé citoyen s'est assuré que la châtaigne ne pouvait dans aucun cas faire de bon pain levé. Plusieurs auteurs ont assuré sur des ouï-dire, que dans certaines contrées où les châtaignes sont abondantes on en faisait du pain; Parmentier a prouvé non-seulement que ces assertions étaient fausses, mais encore par plusieurs expériences il a fait voir que ce fruit ainsi que toutes les farines ne pouvaient se transformer en pain bien levé qu'au préalable ils ne soient associés avec une substance déjà en fermentation, désignée sous le nom générique de *levain*, et que c'est de cette substance que dépend en partie la bonne qualité de l'aliment qu'on en prépare.

TROISIÈME PARTIE.

Propriétés alimentaires et médicales des Châtaignes et usage du bois de Châtaignier.

Les châtaignes tendres ou mures, fraîches ou sèches, crues ou cuites offrent toujours un aliment sain et agréable au goût et facile à digérer. Macquart dit que l'on peut en préparer des émulsions et des cataplasmes qui ont la propriété d'amollir les duretés des mamelles et dissipent le lait qui s'y est grumelé. La volaille engraissée avec ce fruit acquiert une chair ferme et de très-bon goût.

La première enveloppe de la châtaigne pourrait être employée dans la teinture en noir; elle y remplacerait jusqu'à un certain point la noix de gale. La seconde peau est amère et astringente, sa décution peut, suivant le docteur Grelet, guérir les dyssenteries métalliques.

Le bois de châtaignier est peu estimé pour le chauffage; mais, il fait de bon bois de charpente, et on l'emploie souvent à la construction des maisons à la place du chêne : on a même cru pendant long-tems que les charpentes de plusieurs grands édifices étaient de châtaignier ; mais on a reconnu depuis qu'elles étaient de chêne. Employé tout vert dans l'eau, il y devient presque incorruptible, pourvu qu'il y soit toujours plongé : aussi, les tuyaux qu'on en fabrique pour la conduite des eaux durent-ils un tems infini, étant enterrés. Dans plusieurs pays on en fait des tonneaux pour mettre le vin; et on assure qu'il communique à cette liqueur moins de mauvais goût que les autres bois, et qu'il en laisse moins évaporer la partie spiritueuse, parce qu'il a le grain plus fin et plus serré.

FIN.

TABLE

ANALYTIQUE

DES MATIÈRES CONTENUES DANS CE VOLUME.

PREMIERE PARTIE.

Pages

Pages.

DEUXIEME PARTIE.

PRÉPARATION DES CHATAIGNES.

Pages.

TROISIÈME PARTIE.

FIN DE LA TABLE.

www.ingramcontent.com/pod-product-compliance
Ingram Content Group UK Ltd.
Pitfield, Milton Keynes, MK11 3LW, UK
UKHW021600260726
13993UKWH00002B/964

9 782329 334103